身边的科学 真好玩

无处不在的细菌

You Wouldn't Want to Live Without Bacteria!

[英]罗杰·卡纳万 文
[英]马克·柏金 图
高伟 李芝颖 译

时代出版 时代出版传媒股份有限公司
安徽科学技术出版社

［皖］版贸登记号：121414021

图书在版编目(CIP)数据

无处不在的细菌/(英)卡纳万文;(英)柏金图;高伟，李芝颖译. --合肥:安徽科学技术出版社，2015.9(2024.1重印)
(身边的科学真好玩)
ISBN 978-7-5337-6789-1

Ⅰ.①无… Ⅱ.①卡…②柏…③高…④李… Ⅲ.①细菌-儿童读物 Ⅳ.①Q939.1-49

中国版本图书馆CIP数据核字(2015)第213806号

无处不在的细菌 ［英］罗杰·卡纳万 文 ［英］马克·柏金 图 高伟 李芝颖 译

出 版 人：王筱文 选题策划：张 雯 责任编辑：张 雯
责任校对：戚革惠 责任印制：廖小青 封面设计：武 迪
出版发行：安徽科学技术出版社 http://www.ahstp.net
(合肥市政务文化新区翡翠路1118号出版传媒广场，邮编:230071)
电话：(0551)63533330
印 制：大厂回族自治县德诚印务有限公司 电话：(0316)8830011
(如发现印装质量问题，影响阅读，请与印刷厂商联系调换)

开本：787×1092 1/16 印张：2.5 字数：40千
版次：2015年9月第1版 印次：2024年1月第11次印刷

ISBN 978-7-5337-6789-1 定价：28.00元

细菌大事年表

公元前350万年

最早的细菌出现。

公元1347年

黑死病暴发于欧洲，死亡人数超过2500万。

1864年

法国的路易斯·巴斯德发明巴氏灭菌法，用来消灭食物中的有害微生物。

公元前430—公元前410年

古希腊的雅典城暴发一种神秘(可能是细菌所致)的疾病，1/3的雅典人因此而丧生。

1867年

约瑟夫·李斯特提倡使用无菌医疗设备防止细菌感染。

1546年

意大利科学家吉罗拉莫·弗拉卡斯托罗认为，看不见的微生物有可能导致疾病。

1888年

荷兰科学家马丁努斯·贝叶林克对固氮作用的过程进行了研究。

1928年

苏格兰科学家亚历山大·弗莱明发现了青霉素，这是最早的真正有效的抗生素。

2014年

加拿大科学家在一种食物（生鱿鱼）中发现首例耐抗生素的细菌。

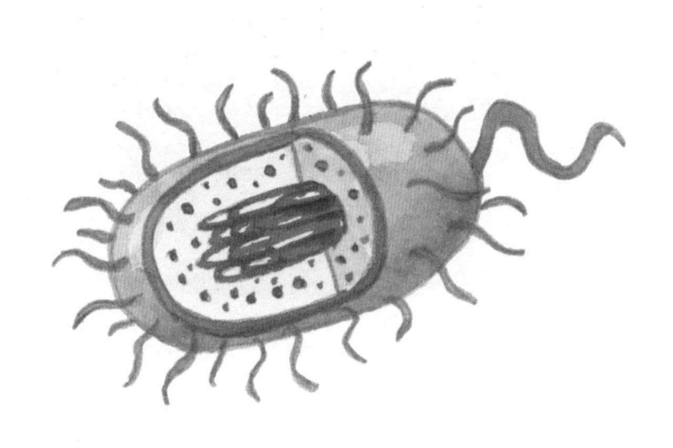

1905年

德国科学家罗伯特·科赫因发现结核杆菌而荣获诺贝尔生理学或医学奖。

1996年

细菌性脑膜炎在西非暴发，1万多名患者死亡。

让细菌开始工作吧！

堆肥箱的剖面图

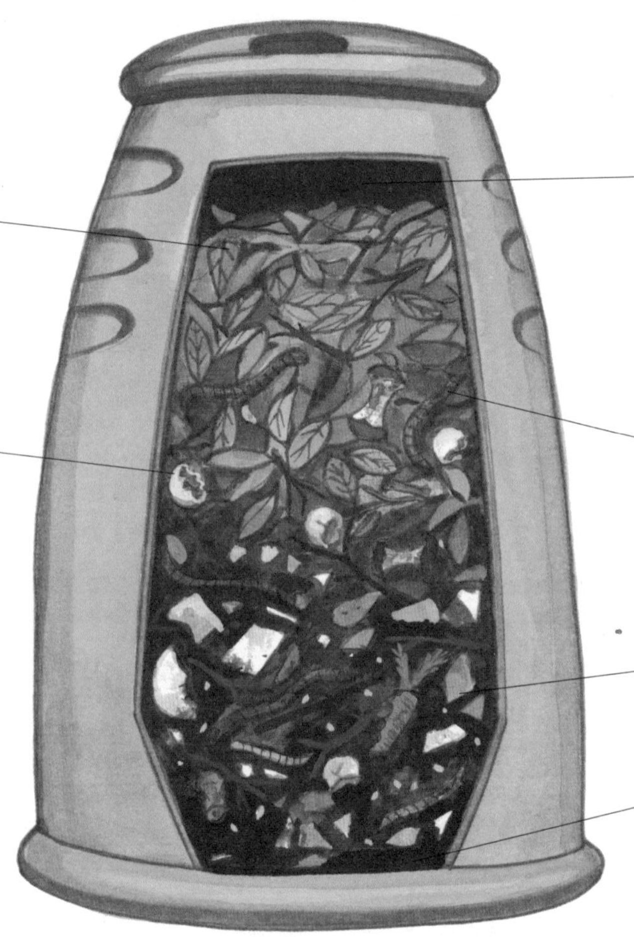

花园垃圾

包括：树叶、碎草、掉落的水果

不包括：大大小小的枝丫

厨房垃圾

包括：水果核、水果果皮、蔬菜叶子、碎蛋壳

不包括：肉、鱼、骨头

附近土壤中的细菌被有机物吸引过来，细菌将垃圾分解为碳水化合物和蛋白质。碳水化合物和蛋白质还可以被进一步分解成有利于植物生长的重要营养物质。

空气

蠕虫以有机物为生，它们的粪便营养丰富，含有功能强大的细菌。

碎纸、纸板、锯末和木屑

水

欲了解更多信息，可查阅第22页和第23页

正是因为有了细菌来参与分解堆肥箱里的物质，所以有人认为可以将堆肥箱看作一个有机体。的确如此！生产堆肥的细菌要有充足的空气和水才能工作，它们需要均衡的饮食才能茁壮成长。对它们来说，平衡好氮和碳的比例很重要。氮元素来自新鲜的“绿色”物质，比如食物残渣（不包括肉和骨头）和碎草。“棕色”物质，也就是没有生命的物质，比如干枯的树叶和碎报纸，则为它们提供了碳元素。然而，太多的草可能会阻隔空气，从而使细菌窒息。

作者简介

文字作者：
罗杰·卡纳万，一位很有成就的作家，曾创作、编辑和协作完成10多本有关科学和其他教育主题的图书。他有三个孩子，在他探求知识的路上，他们是最为严厉的批评家，也是他志同道合的伙伴。

插图画家：
马克·柏金，1961年出生于英国的黑斯廷斯市，曾就读于伊斯特本艺术学院。他自1983年以后专门从事历史重构以及航空航海方面的研究。他与妻子和三个孩子住在英国的贝克斯希尔。

目　录

导　读

细菌太小了，因而你很难用肉眼看到它们，但它们分布非常广，与我们的生活息息相关。（通常我们说到“细菌”一词时，都使用它的复数形式，即“bacteria”，这是因为你很难想象只有一个细菌单独存在的场景。“细菌”一词的单数形式是“bacterium”）。

人们认识细菌才短短几百年，但其实在此之前人们一直在利用细菌，尤其是在制作美味的食物时，不过那时的人们并没有意识到这一点。我们刚开始了解细菌时，知道得很少，只知道它们会带来可怕的疾病。现在，人们终于认识到“有益的”细菌能帮助我们战胜疾病，使土壤变得肥沃，甚至还能发动家里的汽车。

虽然要通过**高倍显微镜**才能看到细菌，可细菌其实就在你身边。它们无处不在，地板上有，你的头发里有，你呼吸的空气里也有。

细菌有害健康，对吧？

当你听到“细菌”这个词的时候，你会想到什么？几个世纪前咯吱作响的老木屋里的尸体？盯着因感染而肿胀的手指、哇哇大哭的小孩？因喉咙发炎而被迫取消演唱会的歌手？很多疾病都是由细菌导致的，有些是致命疾病，也有些是一般疾病。由细菌引起的感染发展迅速，并且不易被人察觉。许多清洁工人都会给自己贴上“细菌终结者”的标签，这也就不足为奇了。

Zzzzzzzz

在气候炎热、蚊虫多发的地区，我们常常能看到**蚊帐**的身影，它不仅能有效地防止携带致病菌的蚊子接触人体，还能使人体免受扁虱和跳蚤的侵害。这些害虫可能携带莱姆病毒或瘟疫病毒。

蚊子

扁虱

跳蚤

17 世纪治瘟疫的医生

瘟疫是一类曾多次在欧洲和亚洲肆虐，极为危险的疾病。1300年在欧洲大陆蔓延的黑死病就是其中最臭名昭著的一次。近年来，我们发现导致瘟疫的真凶就是老鼠身上的跳蚤所携带的细菌。

重要提示！

千万不要把生肉和熟肉放在同一个盘子里，或是彼此接触。这是因为经过烹制的肉类里的细菌已被杀灭，而一旦接触了生肉，生肉上的细菌就会跑到熟肉上去。

细菌感染对于孕妇和她肚子里的宝宝来说，是很危险的。这就是为什么牛奶制品和其他食物上通常都标注有“细菌污染风险”的字样。

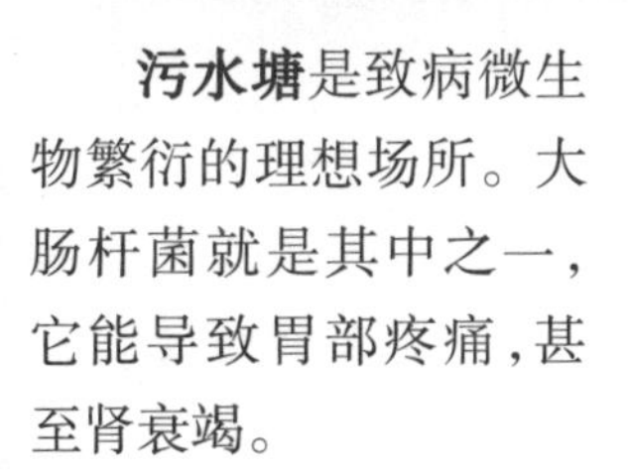

污水塘是致病微生物繁衍的理想场所。大肠杆菌就是其中之一，它能导致胃部疼痛，甚至肾衰竭。

19世纪以前，没人清楚细菌究竟会导致哪些疾病，即便后来人们初步认识了一些细菌，但对于它们导致的疾病还是无能为力。但现在医生们掌握了一个秘密武器——抗生素。1928年，苏格兰科学家亚历山大·弗莱明发现了青霉素（盘尼西林），它成为第一代医用抗生素。

细菌的坏名声是怎么来的？

假如你身边的人突然病入膏肓，而且还不知道是怎么得病的，应该怎么治，你该怎么办？数千年以来，人们把患病或身体衰弱归因于诸如霉运、难闻的气味甚至月圆等，其实他们并没有找到问题的关键。

现在我们知道，一些轻微感染和致命疾病都与细菌有关，比如黑死病（由鼠疫杆菌导致）。这是否意味着，只要一说到“细菌”，我们就要闻之色变呢？其实不必如此。我们已渐渐认识到，并非所有的细菌都是有害的，有些细菌还能够帮助我们对抗疾病。

显微镜问世于16世纪90年代，它让人们第一次能够清楚地看见肉眼难以辨认的微生物。列文虎克是一位自学成才的荷兰科学家。1676年，他使用自己制作的显微镜观察并记录下一滴湖水中的细菌，成为这方面的第一人。很快，其他科学家开始思考这些小东西是否和疾病有关。

你也能行！

列文虎克发明的显微镜看上去很像放大镜。你也可以试着做一个简易显微镜！找一小段细金属丝，将它拧成一个豌豆大小的圈，在水里浸一下，这样你就得到一个水做的镜头啦！

在抗生素问世前，如果家里的小孩生病了，大人只能眼睁睁地看着，默默等待，期盼他能自己痊愈。那时候，许多小孩熬不过幼年时期就夭折了。

古埃及的医生用蜂蜜帮助愈合伤口，这能很好地预防伤口感染，因为蜂蜜里的糖分抢走了细菌赖以生存的水分，从而可以杀死细菌。但古埃及的医生并不知道这其中的原因。

人体自身的免疫系统能自行对抗感染。当免疫系统失效时，就该摄入抗生素了。但请牢记，抗生素仅对细菌有效，它对病毒无能为力。

巴氏消毒法能有效杀灭奶制品中的致病菌。该方法由法国科学家路易·巴斯德发明，并以他的名字命名。他发现将食物加热到一定温度就能杀灭有害细菌。

你了解细菌吗?

细菌是地球上最古老、最简单、最普遍的生命形态之一。第一代细菌诞生于约35亿年前。大多数细菌长约1微米，也就是1米的百万分之一。这就是说，25000个细菌并排才有25毫米长。

虽然细菌很小，但地球上所有的细菌加起来，比地球上所有植物和动物的体重之和还重。有的细菌可以在极热或极冷的环境中生存，而有的细菌能存活于海底。事实上，你的身体内有多达100万亿个细菌。幸运的是，身体内的大多数细菌是无害的，甚至是有益的。

深海热液喷口是潜藏在海洋底部的裂口，它们是好比喷泉或海底火山的超高温高压泵。细菌能够附着在这些喷口旁的岩石上生存。

正在探索深海热液喷口的潜水器（小型潜水艇）

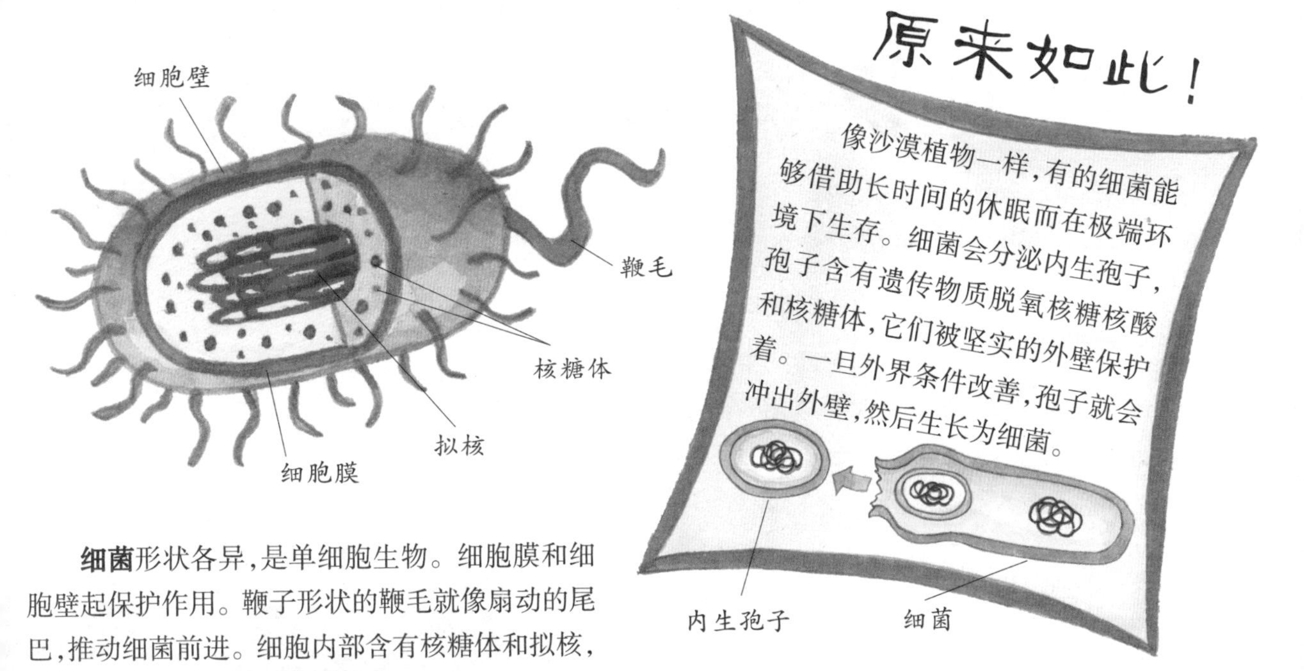

细菌形状各异，是单细胞生物。细胞膜和细胞壁起保护作用。鞭子形状的鞭毛就像扇动的尾巴，推动细菌前进。细胞内部含有核糖体和拟核，核糖体能提供细胞必需的蛋白质，而拟核携带用于繁殖的遗传物质脱氧核糖核酸。

细菌持续地活跃在你的身体内。如果你不小心把有害细菌吃到肚子里，你很快就会感觉不舒服（见左图）。幸运的是，人体内有大量的有益细菌，它们能帮助你消化食物，同时免受疾病侵害。

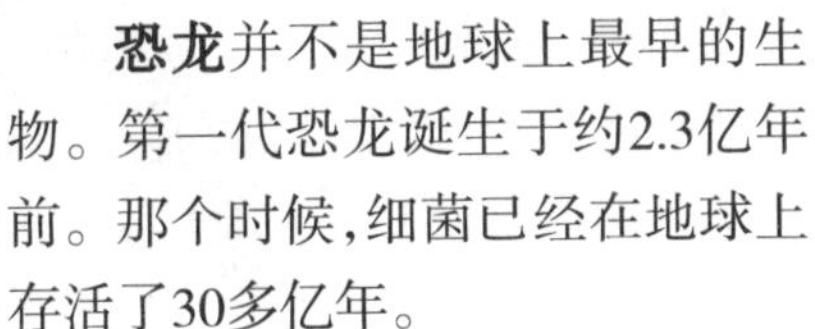

恐龙并不是地球上最早的生物。第一代恐龙诞生于约2.3亿年前。那个时候，细菌已经在地球上存活了30多亿年。

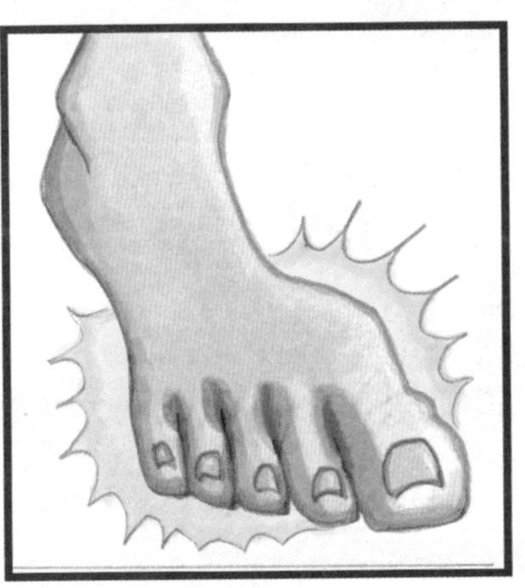

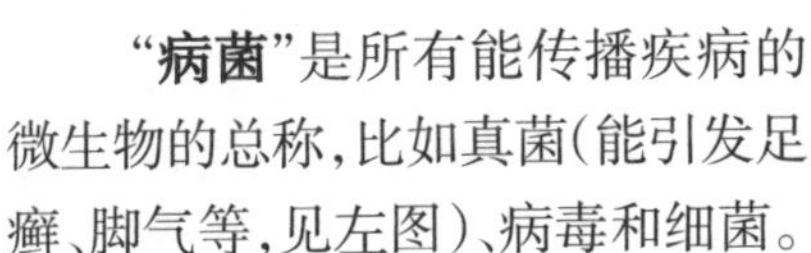

“**病菌**”是所有能传播疾病的微生物的总称，比如真菌（能引发足癣、脚气等，见左图）、病毒和细菌。

细菌甚至还去过外太空。有几种细菌搭着宇航服和航空设备的“顺风车”，被送入太空。

你能过没有细菌的生活吗？

既然历史上由细菌引起的致命疾病不在少数，你是否设想过生活在一个没有细菌的理想世界呢？事实上，细菌大家族并不全是坏蛋。大千世界、万事万物其实都离不开细菌。勤劳的细菌每时每刻都在工作，它们帮助人们保持健康，分解垃圾，保持土壤肥沃。总之，它们对环境的良性平衡做出了巨大贡献。

假如世界**没有了细菌**，死亡的生物会堆积成山，占据其他生物生存的空间。细菌能把死亡的生物体分解成营养物质，使其重新回到食物链当中，从而为其他生物提供生存空间。

你的身体需要不断摄入能量，以保证你做运动或者完成你的家庭作业。生存所需的能量来源于食物，但如果你的消化系统内没有细菌参与食物分解的话，你可没法把食物转化为自己所需的能量。

如果没有细菌帮助土壤变得肥沃，农作物就难以生长。通过大自然神奇的化学反应，土壤里的细菌为农作物提供养料并使它们保持健康。与细菌建立起互惠关系的植物，还会为其他植物带来好处。

你也能行！

做饭或者浇花的时候，手上会沾染细菌。如果手没洗干净的话，你的手碰到哪里，细菌就会被带到哪里。观察你的屋子，试着写下家里所有可能沾染上细菌的地方吧！

假如食物的味道都是千篇一律的……天呐，多亏了细菌，我们才有了诸如奶酪、酸奶和萨拉米香肠*等美食！

人体内的细菌数量是人体细胞数量的十来倍，幸运的是，它们大多数是益生菌，一些益生菌还能对抗寄生虫引起的疾病。这些可恶的寄生虫藏在你的身体里，还摄取养分！另一些细菌则负责对抗有害的细菌和它们引发的感染，例如结膜炎（一种由细菌引起的眼部炎症）。

* 欧洲民众喜爱食用的一种腌制肉肠。

腹泻可不是闹着玩的，有时它会带来很严重的后果。幸运的是，生活在人体消化系统里的细菌无时无刻不在保护你免受腹泻的折磨。一些细菌甚至能帮助你避免因服用抗生素引起的腹泻。

细菌可以帮助生产美味吗？

人们利用细菌烹饪美食已有数个世纪的历史了，不过当时人们还不知道什么是细菌。细菌赋予美食独特的味道、质感和外观，而这一切都归功于细菌和食物之间的化学反应。例如，细菌和牛奶中的乳糖发生反应，形成乳酸，一旦乳酸形成，牛奶中蛋白质的结构就会发生改变。这一过程被称为“凝结”。这是制作酸奶的重要过程，酸奶强烈的气味就来源于乳酸。以前的厨师只看到了牛奶的变化，却不知道隐藏在牛奶和细菌之间的秘密。

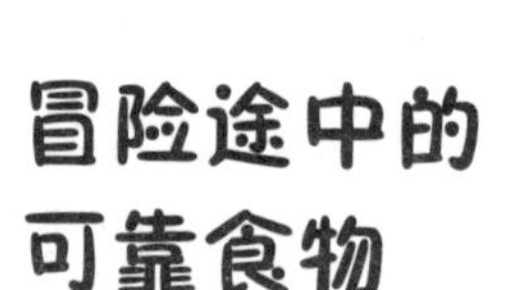

冒险途中的可靠食物

13世纪，**成吉思汗**勇猛的蒙古军队，靠着酸奶横扫欧亚大陆。酸奶制作简单，也方便在马背上携带。

1849年，美国加利福尼亚淘金热中的**矿工们**制作了酸面包（依靠酵母菌使面团膨胀）。他们每次都留下一小团饱含酵母菌的生面团，以便下次使用。

马苏里拉奶酪**粗糙的质地**是细菌与牛奶共同的杰作。那神奇的化学反应只需适当的温度与相应种类的牛奶便可产生。

可可豆是制作巧克力的原材料。但你知道吗，它们在被细菌发酵之前，味道可一点儿也不像巧克力。

埃曼塔奶酪和瑞士其他种类的奶酪一样，它们中间的**空洞**其实是费氏丙酸杆菌释放的二氧化碳造成的。

如果食物没有被正确存放的话，**有害细菌**会很快繁殖。误食罐身开裂或膨胀的罐头会使人肉毒杆菌中毒。

你的身体是如何利用细菌的？

我们已经知道，益生菌远远多于致病菌，某些益生菌还是治疗疾病的能手。我们的身体利用这些益生菌来抵御外界侵害，恢复并保持健康。

一些益生菌充当人体口腔和鼻腔的守卫，抵挡外界侵害，包括其他细菌的侵害。还有一些益生菌生活在我们的肠胃里，帮助消化食物。

还有些细菌在外部世界保护你。有一种细菌能感染虐蚊，被感染的蚊子还没吸上你的血就一命呜呼了！

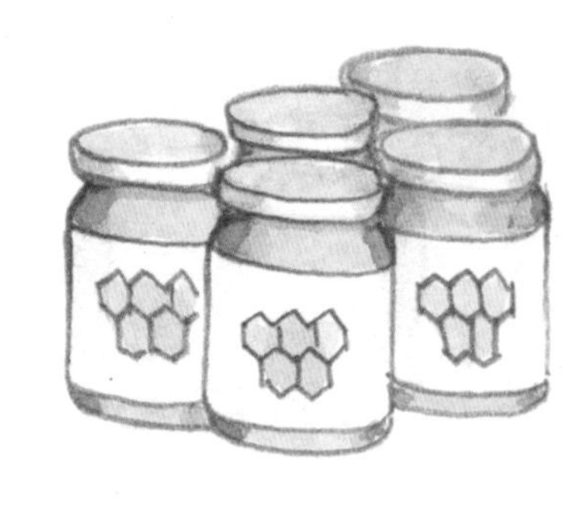

细菌在人体内的数量是人体细胞数量的10多倍。但它们加起来只有约2.3千克。

当你看见美食时，你会情不自禁地**流口水**。唾液里含有多种酶，这种化学物质会与细菌一道帮助你消化食物。

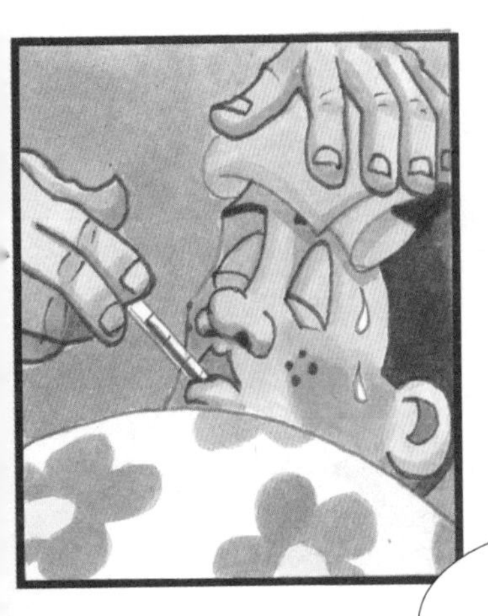

人体口腔中的细菌是人体抵挡外界疾病的第一道防线，比如抵抗感冒。发热往往能杀死一些致病菌，这和加热食物能灭菌是一个道理。

原来如此！

细菌帮助奶牛分解植物的纤维素，那些东西本来是很难消化的。消化过程会产生甲烷，从它们的尾巴下面……噗——好臭！牛总是这么做，难怪科学家会把全球变暖的原因部分归罪到牛的身上。

1907年，俄罗斯科学家梅奇尼可夫注意到，他的病人中年龄最大且身体状况最好的人经常食用一种酸牛奶，他把这种酸牛奶中的细菌称作“益生菌”，并鼓励人们摄入此类益生菌。

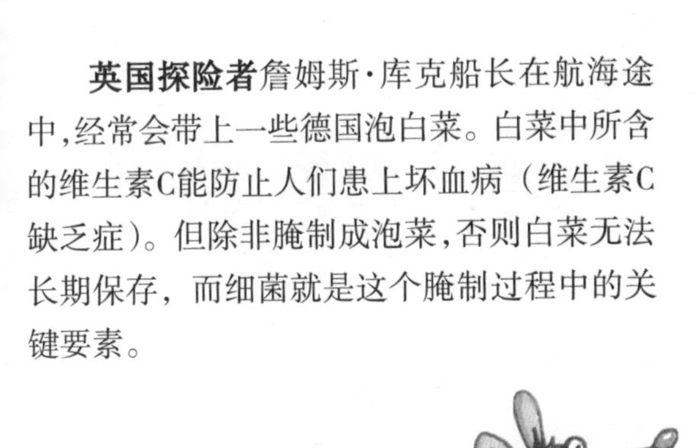

英国探险者詹姆斯·库克船长在航海途中，经常会带上一些德国泡白菜。白菜中所含的维生素C能防止人们患上坏血病（维生素C缺乏症）。但除非腌制成泡菜，否则白菜无法长期保存，而细菌就是这个腌制过程中的关键要素。

脏东西也有好处吗？

如果孩子们听到这个问题的答案是“对”，他们的眼睛一定会亮起来。但是，这并不意味着我们可以不用洗澡或者可以肆意在泥土里打滚。值得一提的是，人们有时候的确太爱干净了。

事实上，我们需要一些益生菌来帮助我们保持健康。但是能把“病菌一扫光”的清洁产品会同时消灭致病菌和益生菌。也就是说，洗手、洗澡让你变得干净，擦洗厨房灶具使它们看上去干净明亮，但是在清洁过程中，你可能也除去了那些有益的细菌。科学家们如今已经注意到这个问题了，他们想了解“太干净”是不是反倒更容易使人生病。

当你年幼的时候，接触不同种类的细菌**也许是件好事**。如果这样做，你的身体会慢慢地适应与细菌共存，同时建立自己的防卫系统。常跟家里的小狗玩耍，往往会使你长大后更健康。

科学家们已经发现土壤里有一类细菌与释放血清素有关。血清素是一种能使人感到高兴的化学物质。不过由于泥土里细菌种类繁多，所以我们仍要坚持勤洗手。

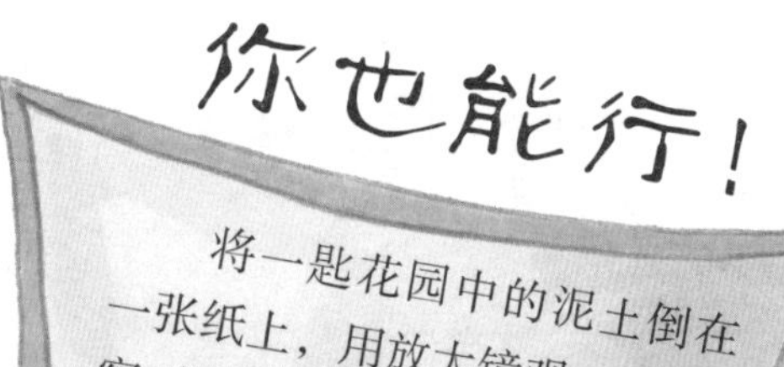

将一匙花园中的泥土倒在一张纸上，用放大镜观察，你很可能会发现其中的细小生物。然而，如果你用一台高倍显微镜来观察它，就能够看到超过1亿个细菌。

过敏反应是身体遇到特定动物、衣物或食物时表现出的强烈反应。有的科学家认为，过敏反应归根结底是因为人们接触到了过去没有接触过的一些细菌。这当然是因为如今我们身边的一切都太干净了。

孩子在外面玩耍时可能会接触到几百万个细菌。这些细菌可能会刺激并强化身体的免疫系统，从而帮助他在未来的日子里对抗传染病。

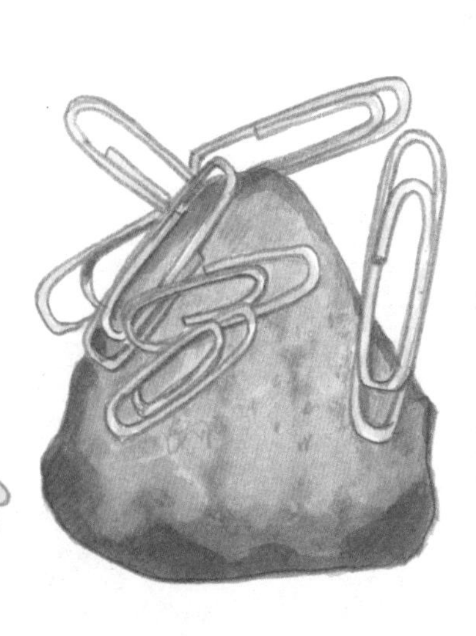

磁螺菌能够利用铁离子制造磁铁。它们能与地球的磁场同向排列，这样一来，磁铁就变成了它们的天然指南针。

植物是如何利用细菌的？

大多数植物能够吸收空气中的二氧化碳，并利用阳光制造出自己所需的物质，这个过程叫作“光合作用”。光合作用使植物自给自足并保持健康。氮气是植物生存所需的另一种气体，氮气在空气中的含量是二氧化碳含量的200多倍。但它处于“封锁”状态，很难被植物利用。

细菌能够轻松地解决这个难题，它们将空气中的氮气转化为一种可以被植物利用的状态。这个过程被称作“固氮过程”。如果没有可以利用的氮元素，植物很难利用光合作用为自己制造食物。如果一株植物死亡，它的残体被微生物分解，残体中的氮元素就会进入泥土，然后被其他植物利用。整个过程称作“氮循环”。假如没有这些有益的细菌，那么任何生命都将不复存在。

一个聪明的农民会在同一片土地上轮换种植庄稼。头一年，他可能会种植豆类植物，豆类植物会吸引众多具有固氮作用的细菌，它们会将大量的氮元素固定在土壤中，因此第二年种植的玉米或小麦就会获得丰收。

氮元素将植物变为粮食工厂，植物因此可以自给自足，也给农民带来好收成。如果缺乏氮元素，植物就会枯萎、生病。

空气中的氮原子处于“封锁”状态，只有与细菌发生反应，氮原子才能转化为可以被植物吸收利用的状态。

如果**农民**不是利用豆类植物去吸引细菌，他就得施加化肥来确保庄稼有充足的氮元素。但化肥所需费用颇大，所以很多农民愿意选择更经济自然的方式——让细菌为他们工作。

细菌与植物携手参与氮循环的结果是双赢。植物能够利用氮元素来制造食物；作为回报，细菌也从植物那里获得了食物和氧气，饱餐后的细菌会帮助植物固定更多的氮元素。

物质被分解是好事吗？

没有人愿意看到植物和动物的尸体堆积如山的场景。还好有了细菌，我们避免了那样的灾难。和其他微生物一样，细菌可以“吞食”生物的尸体。

不过这还没完，那些死亡的生物并不只是消失，细菌还会将它们分解成不同的物质。其中很多的营养物质因此得以回归土壤，从而提高了土壤的肥力。

肥沃的土壤能提供适宜多种植物生长的良好环境，而植物越多则越有利于动物的生长，人类也不例外。所以，下一次你把香蕉皮丢在堆肥里时，记得要感谢那些看不见的细菌。

1. **不要随意丢弃！** 你可以将一些食物垃圾投入堆肥箱中(见下图)。那是一种放在室外的特别的容器，可以将食物分解成堆肥，即天然的化肥。细菌是这一分解过程的主角，但蠕虫、昆虫还有其他微生物也功不可没。

2. 如果**堆肥温度适宜**，而且空气充足，蜗牛、鼻涕虫、蠕虫、昆虫和真菌等都将大吃一顿。

3. **一旦细菌**和其他微生物完成了工作，将产生易被土壤吸收的天然化肥。这种化肥饱含能够帮助植物生长的营养物质。

为什么不自己动手制作堆肥箱呢？首先我们需要一个废旧的塑料垃圾箱。然后在垃圾箱的周围和顶盖上戳一些小洞。接下来往里面投一些果皮和鸡蛋壳，但别投肉类或鱼（以免引来讨厌的害虫）。记得经常用耙子或叉子翻转搅拌。此外，堆肥应当保持潮湿，但要避免过于湿润。

4. 天冷的时候，**小动物们**也喜欢趴在堆肥或者篝火堆旁，因为细菌分解生物的过程会释放热量。如果有大人要点火，记得提醒他们首先检查一下有没有小动物蜷伏在那里面。

动物死亡的地点和不同的外界环境决定着分解过程的时间长短（见右图）。密林里的死老鼠可能一两天就被分解了，而冰冷的海洋底部的一头鲸鱼可能需要16年才能被完全分解。

细菌分解死亡动物的细胞时，会释放**氨气**和其他一些有臭味的气体（见下图）。有时候，气体会堆积在动物体内，甚至导致动物身体爆炸。

垃圾真的没用了吗？

想想看，把家庭垃圾重新利用起来，制成肥料，是不是很有趣？不过我们现在考虑的是把整个城市的垃圾全部利用起来！世界上许多地方正在做这样的尝试，当然这也少不了细菌的参与。

这种细菌参与的回收工作对每个人都是有益的。这使得政府更有效率地处理垃圾，而不是将它们堆积成山，细菌也从中获得了充足的“养料”，不过某些副作用也是不可避免的。有人曾经设想：垃圾可以用来发电吗？科学家们正在不停地找寻利用细菌的新方法。

石油泄漏对于海洋及海岸沿线地区有着致命的影响，不过也有细菌以漂浮在海面上的石油为食。人们正在计划利用细菌清除石油，吃过石油的细菌还可以成为海洋生物的饵料。

牧民利用细菌喂养牛群已经有200多年的历史了。牛群食用的青贮饲料就是玉米、燕麦和苜蓿经过细菌发酵后的产物。

移动电话的电池将来有一天可能用尿来充电了。科学家已经成功地找到一种方法，即将尿液与细菌混合来给移动电话充电。

细菌对垃圾的“**食欲**”真的很旺盛！科学家甚至合成了一种能消灭核电站有毒废料的细菌呢。

几个世纪以前，人们总是把粪便直接倒在街上，或者排进直通河流的管道里。现代的粪便处理系统则利用细菌处理人类粪便，这个过程中产生的副产品也是很有用的。
原来如此！
细菌在粪便处理工厂里“消化”人类粪便时，会产生大量的甲烷。这是一种可燃气体，但如果任其散逸到大气层中，会造成全球变暖。于是一些工厂将这种气体集中燃烧用来发电。
那个粪便储藏罐一点儿也不臭！
这全靠那特制的铝皮啊！

细菌可以做工业原料吗?

细菌已成为科学家、医生和工程师的宠儿。不仅如此,一些新的产业也发现了细菌的新用处。

许多企业竞相寻找方法，来驾驭细菌的新功能,开发细菌的新用途,这同时也为人们创造了新的工作机会。这些工作涉及各个方面,包括种植、能源甚至时尚领域。细菌也许还能让我们最终摆脱对石油等化石燃料的依赖。

食物的未来

如今,科学家发现了细菌体内有**对抗疾病的基因**。他们能够把细菌的这种基因移植到植物上,使其不仅能抵御病害,还能把这种基因传给下一代。

土壤里的细菌能产生微弱的电荷，在美国哈佛大学的科学家手里，它被成功地变成了一块电池！

原来如此！

石油是不可再生资源，不停地消耗，总有枯竭的一天。诸如乙醇一类的生物燃料，能随着粮食的生长不断再生，细菌则能使粮食转化为乙醇。

黄麻布和亚麻布的生产离不开细菌，细菌使植物的纤维结构变得松散，利于纺织，而且织出的布经久耐用。

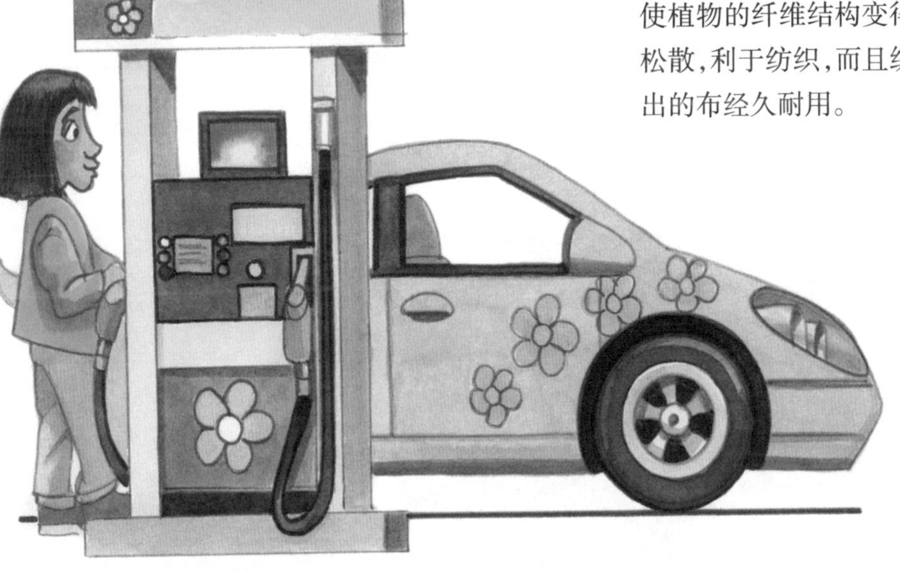

乙醇，由玉米或甘蔗中的糖分转换而来，能替代传统的汽油和柴油作为燃料使用。但玉米和甘蔗是珍贵的粮食，所以科学家正努力寻找新的细菌，以期在避免消耗粮食的前提下，更有效率地产出糖分。有的细菌仅靠阳光就能分泌糖分！

前景如何？

从第一次发现细菌至今，人类对细菌的认识已经迈进了一大步。我们知道，有些细菌是致命的杀手，而另外一些则是善良的好邻居，也知道了这些单细胞生物是怎样生存和繁殖的。在科学家们的不懈努力下，细菌在医学、餐饮、工业和运输等领域的应用前景十分广阔。今后的道路会是什么样子呢？它们将成为治疗绝症的灵丹妙药吗？会为人类创造新的能源吗？会为我们的子孙后代营造更加干净卫生的居住环境吗？

细菌在**治疗癌症方面**具有巨大潜力。一种叫作梭菌的细菌能在肿瘤组织内的无氧环境下存活。这些细菌或许能够把杀灭癌细胞的药物准确地带入肿瘤中。

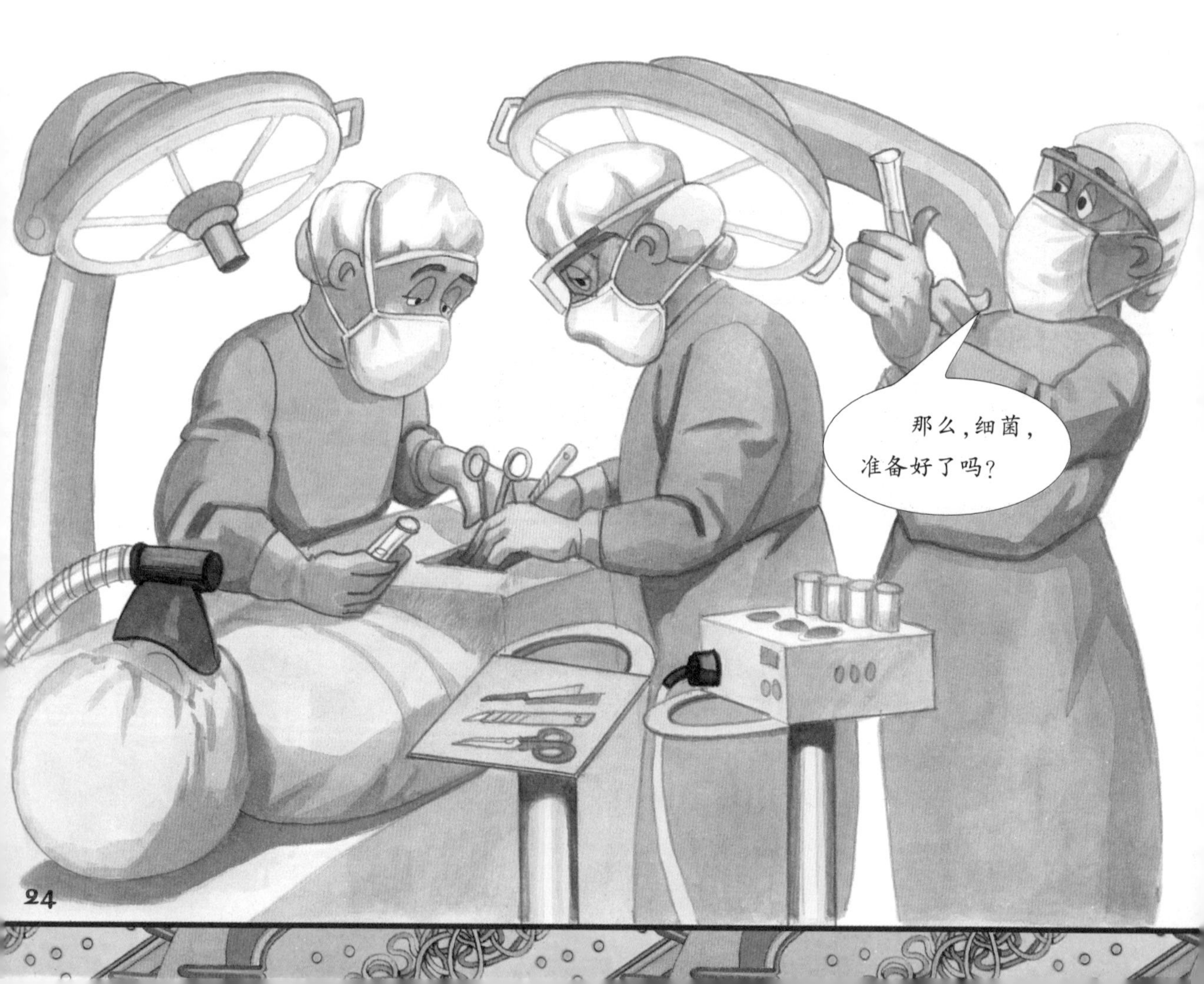

由汽车尾气和工业废气造成的**空气污染**是让很多城市苦恼的事情，细菌或许能清除掉空气中的有害物质。科学家已经发现了大气中某些细菌的神奇功能，它们能分泌出中和或消耗污染物的化学物质。

肥料里的**氮元素**能渗入河流，并流入大海，这会导致海洋藻类的疯长。如此一来，海洋里的其他生物就无法存活了。细菌能用来中和氮元素，并将氮元素无害地送回大气中。

从矿石当中提炼出含量稀少的珍贵矿物，是一件**非常困难**的事情。新兴技术“生物采矿”运用酸液和细菌提炼矿物。细菌会与矿石发生反应，并析出不含杂质的金属矿物。

有时候，生活在肠道中抗感染并帮助消化的益生菌，也需要你的帮助。但人们随着肌体老化，这些细菌的活性也有所下降。那么，摄入一些富含这些益生菌的食物吧。

术语表

Biofuel **生物燃料** 由可再生的有机体制成的燃料。

By-product **副产品** 生产某种东西时顺带产生的其他东西。

Cell **细胞** 有机体最小的组成部分,有细胞核和细胞膜。

Compost **堆肥** 用腐烂的有机体制成的肥料,可以使土壤变得肥沃。

Decompose **分解** 结构复杂的化合物通过腐化和降解过程,成为结构简单的物质。

Digestive system **消化系统** 所有将食物分解为可吸收的营养物质的脏器的总称。

DNA **脱氧核糖核酸** 有机体的基因密码,包含着母体传递给下一代的遗传信息。

Dormant **休眠的** 暂停活动的,但能够重新变得活跃的。

Enzyme **酶** 动物或植物分泌的帮助消化或其他活动的化学物质。

Ethanol **乙醇** 一种酒精,由天然糖分制得,通常被用作燃料。

Ferment **酵素** 一种将糖分经化学反应变成酒精和二氧化碳的物质。

Food cycle **食物链** 生物体相互捕食的循环体系。

Fossil fuel **化石燃料** 由远古生物体演变而来的燃料能源。例如,经过数万年的演化,植物的残骸最终变成了煤炭和石油。

Fungus **真菌** 非植物、非动物、非细菌的生命体。酵母菌和蘑菇都属于真菌。

Genetic **基因的** 与基因有关的。基因是细胞中决定生命体外貌、生长和繁殖的物质。

Germ **病菌** 细菌、病毒和其他微小有机体的总称。

Global warming **全球变暖** 由于燃烧化石燃

料或其他物质(部分为人造物质),造成热量无法散到地球大气层外，因而导致的地球大气温度的升高。

Immune system **免疫系统** 一个由细胞、化学物质和人体器官组成的抗击疾病的有机系统。

Infection **感染** 致病有机体入侵人体的过程。

Microbe (microorganism) **微生物** 用肉眼无法观察到的十分微小的有机生命体。

Nutrient **营养物质** 一切能够提供生命所需能量的物质。

Ore **矿石** 一种含有有价值的资源的岩石,成分通常可分为金属矿物和非金属矿物。

Organism **有机体** 一切有生命的生物。

Parasite **寄生虫** 寄生于其他有机体体内或体表以获取营养的有机体。

Pasteurisation **巴氏灭菌法** 一种用加热的方式杀灭有害细菌或其他微生物的方法,由法国科学家路易·巴斯德发明。

Pollutant **污染物** 一切污染空气、土壤和水的物质。

Protein **蛋白质** 一种用于构建生命体身体组织的化学物质。

React **起反应** 一种物质遇到另一种物质时产生化学变化的过程。

Scurvy **维生素C缺乏症** 人体因长期缺乏维生素C而引起的全身性疾病。它能使人变得虚弱，牙齿脱落，甚至导致心脏功能异常。现在已十分罕见。

Sewage **污物** 经由家庭或其他建筑的排污系统带离人类生活环境的人体排泄物。

Tuberculosis(TB) **肺结核** 一种由细菌导致的肺部疾病。

Tumour **肿瘤** 因疾病(如癌症)造成的局部组织细胞增生所形成的新生物。

Viruses **病毒** 一种体积十分微小的有机体。病毒与细菌部分相似,但它不能自行繁殖，而是通过感染其他生命体细胞的方式进行繁殖。当被感染的细胞分裂时,寄生于其内部的病毒便得以繁殖。

细菌和疾病

虽然大多数细菌对人体无害甚至是有益的,但有些坏细菌可是会致命的。

医生们将大范围暴发的疾病称为“流行病”。在过去,几千万甚至上亿的人死于流行病。而细菌就是引发一些流行病的罪魁祸首,例如瘟疫。还有其他一些与细菌有关的致命疾病,比如肺结核和霍乱,在人类历史上不断肆虐。

细菌除了与这些“绝症”密切相关外,还可能导致一些或轻或重的感染, 轻则让人有略微的不适,重则需要寻医就诊。细菌适应性极强,超出人类的想象。比如说,有的细菌在没有氧气的环境下依然可以生存。它们甚至可以活跃在密封的环境中,比如罐头食品中。(罐头食品如果经过妥善处理且罐子并未损坏, 那么里面的食物一般来说是安全的。)还有的细菌生活在更加开放的环境中,它们等待着“搭顺风车”的机会以进入你的身体。例如破伤风杆菌,它们原本生活在土壤里、房屋的灰尘里和动物的粪便里,仅通过割破或烧伤的伤口,它们就可能进入你的体内, 感染你的神经系统和肌肉组织,使你患上破伤风。

幸运的是,破伤风的发病率非常低,因为大多数国家的儿童都注射了疫苗。通常,注射的疫苗内含有活性较弱的破伤风杆菌,它能刺激人体的免疫系统,使之提前做好应对。如果你注射了最新一代的疫苗,你就不会感染破伤风了。

破伤风的治疗主要依赖一种被称作抗生素的药物。青霉素是历史上第一代成功的抗生素药物。它的产生源于亚历山大·弗莱明先生的一次偶然发现。弗莱明先生发现,一种被称作“青霉素”的抗菌素能够有效地杀死细菌。多年来,青霉素和其他的抗生素药物被广泛用于预防和治疗许多与细菌有关的疾病。

身体的免疫系统也能自己对抗危险程度较轻的感染。在这一过程中,身体会分泌被称为“抗体”的物质用于对抗细菌。对抗结束后,剩余的抗体会保存在身体内,所以当你再次患上同一疾病时, 你的身体就能更快地战胜它。医生们将这种现象称为“针对疾病的免疫系统进化反应”。

频繁使用抗生素有害健康。细菌会对抗生素形成抵抗力,也就是说,一些抗生素药物将不再对这些细菌起作用。这就是为什么医生会要求你持续服用抗生素药物直到你完全康复。如果你感觉好点时就停止服用抗生素的话，有些细菌仍然会存活在你的体内，它们以后可能会对该抗生素形成抵抗力。所以,医学专家们一直致力于研究开发新型的抗生素药物，其目的就是走在细菌的前面,克服细菌的抵抗力。

世界上最可怕的三种瘟疫

1. 查士丁尼瘟疫

公元541—542年,东罗马帝国皇帝查士丁尼一世在位期间,该瘟疫第一次暴发。在接下来的两百多年里，查士丁尼瘟疫反复暴发,夺去了地中海地区一亿多人的生命。

2. 黑死病(1346—1353)

这次瘟疫有时也简称“大瘟疫”,它从亚洲西部蔓延开来，在一些欧洲国家夺去了60%左右人的生命。

3. 现代鼠疫(1894—1914)

这次瘟疫起源于19世纪60年代的中国内地,当它于1894年蔓延至香港后,情况迅速恶化。在此后的20年里，世界上有超过1000万人因此而死亡。

你知道吗?

- 细菌“bacterium”一词来源于希腊语“bakterion”(意思是小棍子、小棒子),这是因为人们最初看到的细菌就是长成这样的。

- 你肠子里的细菌比地球上的人还多。

- 雨水特有的味道是它接触了生活在泥土里的放线菌而产生的。

- 人的汗水原本没有任何味道，但当它接触了生活在皮肤表面的细菌时，就产生了气味。

致　谢

“身边的科学真好玩”系列丛书，在制作阶段幸得众多小朋友和家长的集思广益，获得了受广大读者欢迎的名字。在此，特别感谢田梓煜、李一沁、樊沛辰、王一童、陈伯睿、陈筱菲、张睿妍、张启轩、陶春晓、梁煜、刘香橙、范昱、张怡添、谢欣珊、王子腾、蒋子涵、李青蔚、曹鹤瑶、柴竹玥等小朋友。